ARMAND BOURGEOIS

Impressions
Aixoises
et Savoisiennes

CHALONS-SUR-MARNE

MARTIN FRÈRES, IMPRIMEURS-LIBRAIRES

PLACE DE LA RÉPUBLIQUE, 50

1905

IMPRESSIONS

AIXOISES ET SAVOISIENNES

CARMAND BOURGEOIS

Impressions

Aixoises

et Savoisiennes

CHALONS-SUR-MARNE

MARTIN FRÈRES, IMPRIMEURS-LIBRAIRES

PLACE DE LA RÉPUBLIQUE, 50

1905

À mon bien cher et sincère ami EUGÈNE MARTIN, je dédie ces impressions de voyage.

A. B.

AVANT-PROPOS

Aix-les-Bains, cité des plaisirs, centre d'une riante et belle nature, est-ce à la première, est-ce à la seconde que nous donnerions notre préférence ? Les mondains vous diront les plaisirs, les contemplateurs, la nature.

Personnellement je me range des derniers. Mais pour complaire au vieil ami qui attend ces pages, je toucherai tout à la fois à Aix qui n'est que fêtes et que luxe, à Aix qui offre dans son rayon tant de délicieuses promenades.

Au sujet de celles-ci, je donne raison à Sparklet, le fin, le ravissant conteur du *Trottoir roulant* de l'*Echo de Paris*, quand il déclare : « Toutes vos joies modernes

viij

ont le goût de la mort, elles y font penser. Automobiles, auto-canots, ballons dirigeables, il y a dans tout ce danger, la mort. J'ai des goûts plus anciens et plus calmes. J'aime la nature comme il a été donné à mes pères de la contempler. Je passe comme eux la belle saison à marcher et à rêver. »

C'est, en quelque sorte, le plan que m'a tracé mon vieil ami, quoi de mieux que de le diviser en deux parties, la première que j'intitulerai : *Dans Aix*, la seconde : *Hors Aix*.

IMPRESSIONS

AIXOISES ET SAVOISIENNES

PREMIÈRE PARTIE

DANS AIX

I

VUE A VOL D'OISEAU

La ville, quand on approche de la gare, où vous dépose le commode express, qui arrive de Paris, à six heures du matin, n'a pas grande apparence. Il faut y pénétrer graduellement pour en juger et se rendre compte qu'elle est bien percée, avec de jolies visions de verdure et de montées.

L'avenue de la Gare par laquelle on arrive, est bordée de grands arbres ; elle montre, sur la rive droite, de très beaux et très luxueux hôtels et sur la rive gauche les magnifiques parcs de la *Villa des Fleurs* et du *Grand Cercle*.

L'avenue de la Gare franchie, laisse voir à droite la longue rue de Chambéry où, tout au commencement, se trouve l'Hôtel Continental Damesin, confortable et accueillant, dont j'ai fait mon gîte familier. Toute sa façade élégante donne en face du Parc de la ville, ce qui l'avantage beaucoup.

C'est de cette même rue qu'un tramway à air comprimé vous conduit à l'Etablissement de Marlioz, où, par des eaux sulfureuses, se traitent spécialement les affections des voies respiratoires.

Situé au fond d'un parc, on y goûte en même temps le charme de la promenade sous les frais ombrages ; une belle avenue de gros arbres, qui commence au point terminus de la rue de Chambéry, y conduit en outre.

A gauche, est la belle rue du Casino, avec ses hôtels d'une grande richesse, ses belles constructions, ses beaux magasins, son entrée spéciale au Grand Cercle. Quelques-uns de ces hôtels ont leur petit parc bien aménagé.

En continuant, nous entrons dans la vaste rue de Genève, qui aboutit à l'immense place du Gigot et des avenues d'arbres, toujours des avenues d'arbres.

Dirigeons-nous maintenant, au-dessus de l'avenue de la Gare, par la rue du Parc, du nom du parc de la ville, qui s'étend à main droite, bien dessiné, aux délicieux et reposants ombrages. Obliquant à gauche, par une montée plantée de beaux arbres, nous gagnons l'Hôtel de Ville, très moyenâgeux, et la place du Marché-aux-Fleurs. Reprenons la rue du Parc, toujours à gauche, elle nous mène à la belle place des Bains, où se dresse l'arc de triomphe de Campanus, très vétuste, et le célèbre Etablissement thermal.

En poursuivant droit devant soi, on gagne la rue Davat où se trouve l'église de construction assez récente, d'un beau style, quoique fantaisiste.

Revenons sur nos pas. A gauche de la place des Bains, est la rue des Bains, qui aboutit à la grande et belle place Carnot.

Il faut nous retrouver maintenant en face de l'Etablissement thermal et prendre, sur notre droite, le boulevard de la Roche-du-Roi, sinueux, montueux, large, bordé d'arbres sur chaque rive et de magnifiques hôtels, dont le plus monumental est l'Hôtel Bernascon, véritable caravansérail d'étrangers.

J'ouvre ici une parenthèse, pour dire qu'on ne s'étonne pas si je ne donne une plus grande nomenclature d'hôtels, ce rôle appartenant plutôt aux Bulletins des Syndicats d'Initiative, auxquels précisément je veux éviter de ressembler.

Le boulevard de la Roche-du-Roi, se termine avec le château du même nom, jolie construction moderne, dans le goût Renaissance et qui domine toute la ville. C'est dire qu'on jouit de là d'un panorama merveilleux, dont le lac du Bourget n'est pas le moindre joyau.

L'heureux possesseur de ce château, qu'on se souhaiterait comme résidence d'été, est M. Bernascon, le propriétaire de l'hôtel déjà nommé.

Il est d'autres jolis boulevards, qui sont les boulevards de la Gare, Berthollet, des Côtes, des Anglais, toujours avec leur double rangée d'arbres. N'oublions pas non plus les avenues verdoyantes du Grand-Port, de Tresserve, et du Petit-Port, dont nous aurons l'occasion de reparler.

Tout cela est riant d'aspect, bien éclairé, bien aéré et fait penser à de beaux quartiers de Paris.

Les beaux magasins ne manquent pas ; leurs devantures engageantes font volontiers stationner les promeneurs. Les marchands d'antiquités font de bonnes affaires, notamment avec la clientèle anglaise.

Bref, tout séduit sur votre passage.

Comme cadre : des montagnes et des montagnes, mais qui semblent se tenir à distance respectueuse, pour que la ville n'en ait pas l'air emprisonnée, pour qu'elle apparaisse nettement dégagée.

Comme cadre aussi, un ciel bleu, dont l'impeccable pureté ne promet pas toutefois le rafraîchissement de la température,

viennent la dernière moitié de juillet et
août.

On y remédie par les excursions faites
de grand matin. Quant aux soirées, elles
sont toujours bonnes et délicieuses.

II

LE VA-ET-VIENT DE LA JOURNÉE

A la gare, à tous les trains, une longue
file d'omnibus d'Hôtels, alignés comme
pour une revue. Disons à la louange des
pisteurs, qu'ils n'importunent pas le
voyageur ; il est vrai que généralement
son hôtel est retenu et qu'un simple coup
d'œil est suffisant pour en lire le nom sur
le véhicule, hôtel vers lequel il se dirige
immédiatement.

Bientôt, les malles sont hissées sur la
plate-forme et il faut admirer la force et
l'adresse tout à la fois, avec lesquelles sont
placés ces gigantesques colis, qui contiennent les toilettes à sensation de demain et
dont s'irradieront les beautés féminines.
Et s'élancent fringants les deux chevaux,

qui emportent Eve et sa fortune. Quel curieux coup d'œil, en effet, que tous ces omnibus, chargés de maints objets, et qui se répandent prestement à travers la ville !

Ils ne chargent pas tous toutefois, aussi faut-il voir les mines déconfites ou mélancoliques des cochers qui vont s'en retourner à vide.

Arrivée à l'Hôtel. On s'empresse autour de vous, sans obséquiosité agaçante, je dois le dire et vivement se fait votre installation. Avec quelle joie on se débarbouille, on change de linge, après toute une nuit passée en chemin de fer et où la locomotive vous a saupoudré de ses escarbilles, pénétrantes comme la poussière. Bref, on sort du train la peau noire, figure et mains. Quel bienfait que l'eau fraîche en pareil cas ! Comme elle vous remet !

Mais quel flot d'étrangers à Aix, où dominent les Anglais et les Américains ! En traversant rues et places c'est presque constamment que vibre à votre oreille l'accent anglais. Anglais et Américains sont des hôtes habituels d'Aix-les-Bains, aussi comme ils s'y sentent chez eux, jusqu'à en être parfois un peu exclusifs.

Exemple : deux jeunes miss et leur mère dans un hôtel où tous les baigneurs voulaient portes et fenêtres ouvertes à cause de la chaleur, préférèrent le quitter, parce qu'elles n'avaient pu obtenir que l'on fermât. Il est vrai que vêtues de délicieuses toilettes blanches de tulle, la nuque très dégagée, les bras nus sous le large dégagement des manches, cela les rendait plus accessibles à l'air plus ou moins frais.

Jusqu'à la douleur qui se montre mondaine. Un endroit sélect, par excellence, est la place des Bains, de même que les larges degrés et la salle des Pas-Perdus de l'Etablissement thermal. C'est quelque élégante arthritique qui, sur le palier, cause à son docteur, lequel, le sourire aux lèvres, se montre engageant et réconfortant. C'est une rapide vision : joli sourire, voix harmonieuse, serrement de main gracieux. Ce docteur n'est-il pas déjà bien payé moralement parlant ?

Et cet affairement, cet incessant parcours dans les escaliers et dans les salles spéciales, ce brouhaha qui ferait presque songer à celui de la Bourse de Paris, au moment de la cote !

Je sais bien que parmi les goutteux et les rhumatisants, il en est de plus affligés les uns que les autres, puisque d'aucuns, au lieu de regagner à pied leur domicile, pour les précautions finales résultant du traitement lui-même, sont obligés de s'y faire transporter en chaise à porteur.

Peut-on dire, du reste, qu'on voie vraiment des malades à Aix ? Rhumatisme, sous ses formes diverses, n'est pas maladie organique. C'est ce qui explique, qu'à de rares exceptions près, les baigneurs ne laissent perdre aucune occasion de plaisirs et combien variés.

Des soucis causés par le traitement, en est-il même, quand on sait que les soins sont donnés dans les thermes avec une science et une organisation merveilleuses et que la douche-massage et les masseurs de cette station ont une réputation universelle ?

Les simples touristes évidemment sont les privilégiés, par excellence, le séjour d'Aix étant par lui-même un paradis terrestre, dont ils jouissent sans anicroche.

Un intéressant coup d'œil à jeter, place des Bains, dans la matinée, sur les buveurs des eaux qui ont nom *Saint-Simon*, *Massonnat*, des *Deux-Reines*.

Des kiosques-buvettes, qu'abritent de beaux ombrages sont chargés de les distribuer. Avec quelle conviction, un certain nombre de dames dégustent ces eaux fort agréables d'ailleurs ! La première convient aux affections des reins et de l'estomac ; la seconde aux goutteux et rhumatisants, pour leurs qualités digestives et diurétiques ; la troisième aux arthritiques, comme lavage interne. Je m'arrête, ne voulant pas paraître donner une consultation et j'aime mieux considérer le joli groupe féminin de toilettes claires ou blanches, même à cette heure, où les conversations vont bon train, signe de la bonne santé qu'infuse sans doute l'une ou l'autre des eaux.

Les gens du pays ne sont pas oubliés non plus médicalement, puisqu'il est là une fontaine publique distribuant gratuitement d'une première niche de l'eau ordinaire, d'une seconde de l'eau d'alun, d'une troisième de l'eau de soufre.

Personnellement j'apportais parfois un gobelet et buvais des deux dernières, par curiosité d'abord, par croyance en leur efficacité ensuite. L'eau d'alun, avec son goût de blanc d'œuf, est acceptable ; mais pour l'eau de soufre, ce n'était pas sans une légère grimace que je l'absorbais.

L'eau d'alun et l'eau de soufre coulent naturellement chaudes, c'est-à-dre quasi brûlantes.

L'après-midi, la cure étant terminée, le flot des baigneurs se répand qui au Grand Cercle qui à la Villa des Fleurs où le théâtre de Guignol, le music-hall, les concerts ont leurs fidèles. C'est le moment des pimpantes toilettes et des beaux atours, où ce qui n'est plus jeune cherche à réparer des ans l'irréparable outrage, en poussant l'art de se grimer jusque dans ses dernières limites.

C'est ainsi, qu'en flânant, on peut voir entrer, comme des ombres légères, des dames plus ou moins jeunes, plus ou moins mûres, qui vont demander à l'Institut de beauté, dirigé par Albert de Nice, de rectifier des cils, des frisures ; de faire disparaître des points noirs qui malencon-

treusement tiquetent le visage ; de donner
du coloris aux joues qui en manquent ;
de ceriser les lèvres ; de renflouer ce qui
manque de contours. Il a pour tout cela
des eaux merveilleuses et des postiches
d'une illusion indéniable.

Que voulez-vous ? Une femme, de même
qu'un militaire, doit toujours être bien
sous les armes. Mais si elles consentent à
recourir aux bons offices d'Albert, elles
souhaitent, en revanche, passer inaper-
çues. Quand elles sortent de chez lui, elles
le font rapidement, en quelqu'un qui s'est
trompé de porte. Discrètes, s'effaçant en
quelque sorte, sans sortir sur le trottoir,
avec sobriété de gestes, les saluent les
employées qui, pour la bonne renommée
de la maison, ont une chevelure abondante
et soignée.

A l'entrée de la rue de Genève, sont les
tramways qui attendent touristes et baigneurs pour les conduire par le Grand-
Port jusqu'au lac du Bourget, aux gorges
du Sierroz, sites remarquables dont il sera
parlé, dès que je ne serai plus prisonnier
de la rue et de quatre murs quelconques.

Ah ! j'allais oublier les stations chez les

marchands de cartes postales illustrées, dont quelques-uns ont leur installation au dehors. C'est que l'on a tant d'amis ou d'amies à contenter et à faire entrer un peu dans son rêve.

C'est encore la rentrée triomphante des attelages à cinq des magnifiques cars-alpins, qui reviennent d'excursions avec leurs voyageurs rayonnants des belles choses vues et du grand air respiré en pleine montagne.

De luxueuses victorias avec parasols blancs, de riches landaus ouverts sillonnent également les rues, retour de promenade.

On ne peut que faire l'éloge de la cavalerie de choix employée à ces divers attelages.

Quand on roule dans cette victoria ou ce landau, on peut se croire le prince d'un jour.

Je l'ai dit déjà : luxe, élégance, confort, c'est tout Aix.

III

LE GRAND CERCLE

Ors, marbres, festons, astragales, plafonds aux décors radieux, féeries de jour, féeries de nuit, féeries de nuit surtout, dues aux innombrables lampes électriques, salles immenses qui se commandent admirablement, aux destinations bien comprises, l'acoustique impeccable, le Grand Cercle est tout cela.

Il possède un théâtre d'un aspect élégant, d'une bonne distribution pour voir et entendre. Que dire du grand hall, au plafond en mosaïques de Venise, dues à Salviati, où défilent pendant toute une saison tant d'élégances, tant de personnages même, et des magnifiques vitraux de Ponsin qui l'illuminent ? Peut-on voir plus luxueuse salle que cette salle des jeux, aux voussures éclatantes de leurs ors répandus à profusion ?

Que dire encore de la salle des bals et concerts qui fait l'effet d'une vaste solitude, quand point n'y règne l'animation. Que grandioses sont ses portiques où d'immenses et belles tapisseries sont disposées soit pour les laisser retomber pleinement, soit pour les tenir gracieusement écartées.

Je parlais tout à l'heure de confort. Le Grand Cercle n'a-t-il pas son café-restaurant, avec des terrasses dominant de délicieux jardins, où ne se servent que des consommations de choix, le tout présenté dans de délicates vaisselles et dans de non moins délicats cristaux.

N'oublions pas le grand salon de lecture où l'on peut lire les journaux et revues du monde entier, où l'on peut de même écrire sa correspondance sur papier et enveloppe à en-tête du Grand Cercle. Au bout de la galerie, sur laquelle ouvre l'une des portes du salon est un bureau de postes et télégraphes spécial pour le Grand Cercle.

Quoi de mieux, dites-le moi ?

Quelques beaux tableaux ornent les

murs de ce salon et méritent qu'on s'y arrête.

Sous une vérandah en dehors se tient la salle du théâtre Guignol. Grands et petits se complaisent étonnamment à ce spectacle.

Vous vous faites une idée large, n'est-ce pas, après ce qui précède, de ce que le Grand Cercle comporte d'élégance, de luxe, de confort et de bon ton. C'est pour répondre au public raffiné, qui généralement le fréquente, que rien n'est négligé pour lui être agréable. Nombreux y sont les concerts où l'on n'entend jamais que de la musique de choix, qu'interprètent des artistes consommés. Les représentations théâtrales n'offrent que des programmes selects, qu'il s'agisse d'opéras ou de comédies ; il n'est pas besoin de dire qu'elles ne se donnent qu'avec des artistes d'élite.

Toutes les semaines sont donnés des feux d'artifices et des fêtes de nuit du plus grandiose effet.

Quand ce sont des musiques militaires qui prêtent leur concours, ce n'en est que plus brillant encore, parce qu'aussitôt le

feu d'artifice terminé, il y a une retraite
aux flambeaux qui parcourt jusqu'à deux
fois les jardins au pas accéléré, non sans
de nombreux et vigoureux applaudisse-
ments.

Ces feux d'artifice et ces feux de benga-
le, au milieu de ces beaux ombrages, de
cette luxuriante verdure, cela vaut une
féerie des contes des Mille et une nuits.
C'est un coup d'œil inoubliable que de
voir pareillement éclairées la foule élégante, tant de délicieuses toilettes, qui
garnissent la longue étendue des terrasses, apparaissant en outre sous la clarté
lunaire et tamisée de l'électricité qui les
surplombe.

Sans doute, c'est de l'illusion, mais
pourquoi souffler dessus et détruire vo-
lontairement ce charme de lointain,
qu'ont toutes ces jolies femmes d'aspect
de plantes de serre factices et vaporeuses,
parce que les visages avivés de kohl et de
carmin, parce que au restaurant, sous la
clarté rose des abat-jour, sur les tables,
dans des vases élégants, orchidées, roses,
œillets, se mêlent à l'étincellement des
cristaux et des pièces d'argenterie, ainsi

qu'aux topazes et aux rubis des vins et des
liqueurs.

Il n'apparaît pas que cette corbeille fé-
minine, aux yeux de l'observateur, on
croit bien reconnaître aussi à travers ce
kaléidoscope quelques représentants de la
bohème dorée du vieux et du nouveau
monde !

Eh ! oui, c'est plus d'une fois qu'au milieu de ce luxe et de ces élégances fuse
cette beauté qui demande encore plus à
l'art qu'à la nature ; mais le tableau signé
par ce grand artiste : *La femme*, en vaut-il
moins ?

Parlons maintenant des magnifiques
concerts qui se donnent dans le hall. Je
dois dire tout d'abord qu'ils sont très cou-
rus et que tous les numéros du program-
me sont de haut choix et tirés des œuvres
des maîtres anciens et modernes, en outre
d'être interprétés avec une précision et un
goût achevé.

Il y a trois concerts par jour, l'un donné
par l'orchestre à 1 heure, l'autre à 4 heures
par le septuor sous la dénomination de :
Une heure de musique, le troisième, le

soir, à 8 heures et demie, sous le titre de concert symphonique.

Le dernier est le plus select, le plus couru, où la tenue est de rigueur, où les toilettes des femmes sont sensationnelles et resplendissent des mille feux de la lumière électrique qui surgissent de partout et avec pour cadre de fort belles lignes architecturales.

Je ne puis sans sourire me rappeler un original qui, venu à l'un de ces concerts du soir, se bouchait les oreilles quand les cuivres lançaient leurs notes stridentes. Quand on est venu pour entendre, c'est plutôt bizarre.

Si nous assistions maintenant au bal. Ah ! l'immense bataillon carré, plus féminin que masculin, qui garnit la non moins immense salle !

Les toilettes blanches dominent chez les femmes, jeunes ou mûres, ou même vieilles. Les hommes sont tous en habit ou smoking. Le smoking ! Oh ! l'affreux petit vêtement, réputé select dès que le gentleman a mis, en entrant, sa casquette anglaise dans sa poche ! Ce n'est point qu'on danse beaucoup, car on est venu là plus pour se faire voir, coqueter et caqueter, que pour étaler des grâces chorégraphiques.

Et pourtant il est pour la danse des chercheuses du beau geste, ne citerai-je que deux jeunes Anglaises dansant ensemble, l'une vêtue de bleu pâle, l'autre de toile blanche ajourée de jolies broderies, aux longs cheveux noirs retombant sur les épaules, l'œil mutin, beauté du diable, déclarait ma voisine à ce moment. Et moi de répondre : « N'importe, quand les Anglaises se mêlent d'être jolies, elles le sont bien. »

Toutefois, à cette beauté anglaise, je préfère la beauté américaine.

A l'égard des jeunes Américaines, il faut en rabattre de cette réputaton de flirteuses et d'osées , qu'on se complait depuis trop longtemps à leur faire. Le vrai, c'est qu'elles sont charmantes de naturel et d'aisance, en plus d'être jolies. J'en vis beaucoup à Aix et de fort bon ton et aux toilettes de fort bon goût, je vous assure

On ne peut que se louer, en outre, de leur amabilité et de leur prévenance.

Ces dires de ma part, ne sont point de

parti pris, mais de la constatation pure et simple.

Allons faire un tour maintenant à la splendide salle de jeu, où la frénésie du baccara bat son plein, le soir principalement. Chez certains et certaines, la passion obsédante du jeu ne laisse aucunement apercevoir que le visage de l'homme soit fait à l'image de Dieu, surtout lorsque la déveine poursuit. A ne considérer que les heureux, ils offrent ce rayonnement de quiconque se réjouit d'une bonne affaire et se grise au contact des effluves de l'or.

Mais quelle expression décevante, morbide, délétère, sur le visage du décavé, de la décavée surtout ! Ces traits ravagés, décomposés, blêmes, sont plutôt pénibles à envisager, même pour l'indifférent.

Qui dira le grand nombre de fortunes compromises par cette passion du jeu ! Qui dira les désordres et les bouleversements de toute sorte, amenés par suite dans les familles !

Il est pourtant une catégorie de joueuses, que les pertes d'argent émotionnent peu ou point. Je vais paraître paradoxal, il en est toutefois ainsi.

Je veux parler de ces irrégulières de l'amour vénal, qui font leur quartier général des grandes villes d'eaux où elles sont à la piste de l'entreteneur qui ne regarde pas à l'argent, tout en s'engouant d'une beauté plus ou moins peinte, plus ou moins authentique. Ces femmes voient filer avec une vraie désinvolture les louis qu'elles ont engagés sur le tapis vert. .

Ce langage de l'unes d'elles qui, suivant un traitement à l'Etablissement thermal, disait à sa masseuse : « Je viens encore de perdre au baccara ; mais je m'en f..., j'ai autant d'argent que j'en veux », peut servir de prototype quant aux autres.

Ces femmes encore se singularisent par un air hardi, une toilette tapageuse, d'u mauvais ton, un aspect matériel, une expression peu intelligente. Et enfin, si l'on en croit les masseuses, bien un peu bavardes, plus d'une de celles qui passent par leurs mains, c'est-à-dire une fois les artifices de la toilette débarqués, n'ont rien à voir avec la beauté plastique.

Mais comme disent ces indiscrètes :

« Ces femmes ont une si belle langue, pour prendre les hommes ! »

Après cela, il n'y a plus qu'à tirer l'échelle, n'est-ce pas ?

Nous ne quitterons par le Grand Cercle, sans parler du Théâtre Guignol.

On s'y amuse franchement, je vous l'affirme et le public des grands enfants, y est encore plus grand que celui des petits. Ce n'est pourtant qu'un théâtre de marionnettes, mais qui. grâce aux impressarios qui les meuvent. ont une animation endiablée. Quant à Guignol, le héros, par excellence, il est d'une roublardise et d'un esprit tel, qu'il en a constamment à revendre. Il n'est jamais en peine d'arguments et trouve toujours le moyen de tout arranger. Par exemple il a la batte et le coup de tête d'une facilité sans exemple, à l'aller comme à la revenue, il les applique en donnant la bonne mesure. Ah ! il ne connaît aucune résistance et ses jugements sont sans appel. Ce qu'il y a de plus curieux, c'est que par moment, ne distinguant plus ni ennemis ni amis, il fait une distribution où personne n'est oublié, pas même les gendarmes qui arrêtent le malfaiteur qu'il venait lui-même de malmener.

On le prise tellement ce Guignol, qu'on ne manque pas une seule représentation.

IV

La Villa des Fleurs

C'est également un Casino, presque aussi luxueux que le Grand Cercle et rivalisant avec lui de confortable aménagement. Son parc est même plus grand et offre de plus beaux ombrages encore. On y remarque aussi un superbe grand salon de jeux ; son grand hall est très artistiquement décoré, son théâtre bien agencé ; en outre du théâtre, ce qui est loin d'être à dédaigner, il est en plein air, en plein parc, une seconde scène théâtrale, où de 4 à 5 et en soirée on peut jouir de tous les agréments d'un music-hall, aux numéros souvent renouvelés. Quelle distraction plus agréable, par les belles soirées d'été, dont on jouit si abondamment à Aix.

De 3 à 4, chaque jour, un nombreux orchestre, installé dans le parc, sous de grands arbres, donne un brillant concert. Le soir, encore le concert alterne avec le théâtre. . On y entend de véritables virtuoses.

S'il s'agit de représentations théâtrales, on peut y applaudir, de même qu'au Grand Cercle, les plus grands noms de l'art dramatique, les chanteurs et chanteuses les plus distinguées, genre opéra ou opérette. Jusqu'aux ballets qui ne déméritent pas de Paris même.

La vie au grand air est tellement prisée à la Villa des Fleurs qu'on y dîne dans le parc par petites tables, appréciant la succulence des mets et des vins et non moins l'inappréciable fraîcheur du soir succédant à la chaleur plus d'une fois torride de la journée, et cependant, dans ce beau parc ombreux, sillonné de grandes allées, elle est toujours supportable.

On voit à ces dîners les plus ravissantes toilettes d'été, portées par les femmes du meilleur monde, représentant l'élite de la beauté et de la fortune, comme aussi par celles du demi et du quart de monde, dont quelques-unes sont jolies et n'en font que mieux ressortir le déclin des vieux marcheurs qui les accompagnent, quoiqu'ils aient demandé un peu de lustre à leur tailleur et à leur coiffeur, bien que même ils aient passé par l'*Institut de beauté de Nice*.

Que je comprends mieux certain convive, jeune encore, que je voyais assis seul à sa petite table, en face d'une demi-bouteille de Champagne Montebello, comme corollaire de son bon dîner et qui, tout en sirotant son contenu, battait la mesure avec son couteau de table, tandis que musiquait, rêveusement, non loin de là, un orchestre de dames viennoises.

Ce qu'il paraissait digérer en homme qui a une bonne conscience et sait comprendre les bienfaits d'une douce et fraîche nuit d'été.

Que de petits épisodes du ressort de l'observation, il y aurait à conter ! mais je dois me borner.

Les feux d'artifice qui ont lieu chaque

semaine dans le parc, sont non moins beaux que ceux du Grand Cercle.

On le voit, rien n'est négligé à Aix, pour distraire les baigneurs et les touristes ; rien ne coûte même, puisqu'on voit le Grand Cercle, unique, je crois, dans ce genre, consacrer toutes ses ressources à faire de mieux en mieux, les appliquant sans cesse aux travaux d'entretien et d'embellissement, à des fêtes fréquemment renouvelées, et même à des œuvres locales de bienfasance, à des fêtes scolaires, gymnastiques et le reste.

C'est ainsi que j'assistai à un festival gymnastique offert par une société gymnique d'Aix et pour lequel l'administration avait procuré sa salle de théâtre.

Une autre fois, ce fut à une fête scolaire dans la même salle, offerte par le Cercle à tous les petits enfants des écoles, conviés à venir entendre Guignol et s'ébaudir de ses faits et gestes.

On fait naître, en un mot, à Aix, toutes les occasions d'attirer les visiteurs : courses d'automobiles, courses de canots automobiles sur le lac du Bourget, bataille de fleurs, raids militaires, courses hippiques.

Ne faut-il pas savoir retenir tout ce monde d'Anglais et d'Américains, cette foule cosmopolite enfin. qui d'avril à octobre, alimente la célèbre station ?

Ce séjour est donc bien enchanteur, puisqu'il est recherché jusque par les Majestés et les Altesses qui se nomment la reine douairière Maria-Pia de Portugal, la reine de Hollande, le roi des Belges, les grands-ducs de Russie, le roi de Grèce. Ce dernier notamment est un fervent d'Aix, qui ne manque pas une année de faire sa villégiature aixoise.

N'a-t-il pas d'ailleurs été proclamé, par gratitude : *Citoyen d'Aix-les-Bains ?* N'y est-il pas extrêmement aimé et n'y apparaît-il pas comme une figure de connaissance ? Il y est, en un mot. très populaire.

Comme j'étouffe un peu entre les murs d'une ville, je ne suis pas fâché désormais et sans discontinuer d'aller prendre l'air du lac et des monts, ce qui fera l'objet de la deuxième partie de mon récit.

DEUXIÈME PARTIE

HORS AIX

I

LE LAC DU BOURGET

Qui dira assez sa gloire, sa très grande gloire, qui rejaillit sur Aix-les-Bains lui-même, dont il est la promenade par excellence et qu'aucun touriste ou baigneur ne voudrait ne pas avoir faite. Lamartine d'ailleurs l'a immortalisé.

Je l'ai déjà dit, un service spécial de tramways à air comprimé lui est consacré et c'est un va et vient continuel qui, de la place de Genève, entraîne les nombreux touristes vers les flots bleus que chanta le

3

poète. A consulter les physionomies, il
semble qu'on n'arrivera jamais assez vite
au grand Port, pour contempler cet horizon merveilleux, alors qu'il ne faut pas
plus d'un quart d'heure pour parcourir
la longue avenue à double rangée de platanes qui y conduit.

Quand on aperçoit pour la première fois
le lac du Bourget, quel enthousiasme !
Les seize kilomètres de longueur qu'il représente, ont quelque chose de majestueux et non moins majestueuses sont ces
ombres qui descendent des montagnes
boisées jusqu'à ses rives, et forment un
contraste lumineux qui va du gris au
clair, tandis que sur les rampes de verdure courent les rayons dorés du soleil et
que l'azur du ciel semble se mêler à l'azur
des flots. Le long des cimes, trône en première ligne le col de la *Dent-du-Chat* ; à
mi-versant, l'antique château de Bourdeau
domine le lac ; plus loin, c'est l'abbaye de
Hautecombe, qui est venue s'abriter dans
les replis et retraits de la montagne ;
plus loin encore, c'est le château de Châ-
tillon qui se dresse fier au haut d'un mon-
ticule, que baigne le lac.

On aborde vers ces différents points soit par bateau à vapeur, soit par barque de plaisance.

Le bateau à vapeur vous conduit directement à l'abbaye de Hautecombe où il vous est permis de stationner assez longuement, jusqu'à son retour, car il poursuit sa route, par le canal de Savières, jusqu'au Rhône. Et même à son retour, il laisse le temps aux voyageurs qui ont eu Chanaz et le Rhône pour objectif, de visiter complètement l'abbaye.

Le Rhône, à cet endroit, est large et majestueux, apparaît à perte de vue, ainsi que les longues lignes d'arbres qui bordent ses rives.

Mais, attardons-nous surtout à Hautecombe, qui le mérite sous quantité de rapports.

Disons en première ligne que l'abbaye renferme les sépultures des princes de la Maison de Savoie, depuis l'origine de ce royaume et qu'elle est située dans un site admirable, en même temps qu'elle est abritée contre vents, froidures et tempêtes par de hautes montagnes, sur les ver-

sants desquelles les religieux cultivent la
vigne et le blé.

La paix la plus sereine règne à cet endroit, dont les points de vue sur le lac
sont si variés et si beaux.

On se prend à désirer vivre pendant
quelques jours la vie et le calme de ces
religieux et, quand arrive le soir, à rêver
longuement en face de cette riante étendue liquide et de ce ciel aux tons changeants et aux teintes tantôt radieuses,
tantôt sombres et parfois multicolores.

Avant de visiter l'église extrêmement remarquable de l'abbaye et l'abbaye elle-même, il plaira sans doute au lecteur de me
suivre sur quelques points du domaine
assez vaste qu'occupe l'abbaye, où la promenade est délicieuse. Je le conduirai d'a-
bord à la pointe d'une presqu'île où se
dresse une immense statue du Sacré-
Cœur. Tantôt vous êtes dans un chemin
sous bois, tantôt d'épaisses broussailles
seulement vous séparent du lac dont on
voit battre les eaux contre la rive, à travers
les éclaircies ; à d'autres endroits encore,
il apparaît à pic au-dessous de vous, tandis
que vous suivez l'étroit sentier qui le bor-

de. De là, de magnifiques lointains du côté des Alpes Dauphinoises attirent vos regards. Combien est agréable la brise qui souffle du lac ou de la montagne, quand vous retournez sur vos pas !

Toutefois la promenade favorite est, en sortant par le portique de l'abbaye qui regarde la route de Chindrieux, de suivre cette dernière jusqu'au point qu'on nomme la fontaine intermittente. Pourquoi ? parce que celle-ci ne coule que toutes les quinze ou vingt minutes.

Le bassin de cette fontaine est adossé au flanc de la montagne, qui se dresse presque à pic, rocheuse et verdoyante. L'eau sort d'une étroite anfractuosité, venant de bien loin sans doute, non sans de nombreuses filtrations à travers les couches schisteuses, au cours suspensif de ci de là, jusqu'à l'instant où, en un murmure quelque peu grondant, elle se décide à se montrer et à aboutir au bassin d'où elle s'échappe ensuite presque aussitôt, afin d'aller se réunir plus loin à une autre source, celle-ci permanente.

Cette attente peut paraître longue, mais comme on en est dédommagé par l'agréable fraîcheur que procure le cercle d'arbres séculaires, qui constituent comme une garde sacrée à cet endroit d'aspect mystérieux !

Comme le vin de Champagne apporté par une personne amie qui nous accompagnait et que je plongeai dans l'eau du bassin, acquit là un délicieux bouquet de plus, grâce à la fraîcheur communiquée à travers la bouteille ! Il nous parut certainement meilleur à cet endroit que sur la table la plus somptueusement servie.

Du côté du lac, quels aperçus splendides, variant selon les déclivités ou montées du sol !

Quels lointains charmants avec leurs silhouettes et découpures sous le ciel bleu !

Quel cadre grandiose, en un mot !

Entrons maintenant dans l'église de l'abbaye, qu'un des religieux chargés de la garde des tombeaux des princes de Savoie vous fait visiter, toujours suivi de nombreux touristes avides de voir et de connaître.

Avant d'en admirer les richesses, disons quelques mots de la façade principale

qui est tournée vers la montagne. Elle est
en pierre fine et représente une fort belle
page d'architecture, qui comporte des
parties anciennes du XV° et du XVI° siècles, avec encore plus de modernes, car
elle subit d'importantes restaurations et
additions, qui durèrent dix-huit ans (1825-
1843), par les soins de Charles-Félix, qui
mourut en 1831, et ceux de sa veuve, la
reine Marie-Christine de Bourbon de Na-
ples. En tous cas, son style affecte partout
le gothique, celui qu'on appelle *ogival
flamboyant.* Les plus renommés des
sculpteurs et peintres italiens y mirent la
main.

Rien de plus grandiose, rien de plus ex-
pressif que ces statues de marbre qui semblent animées, grâce au génie créateur
des sculpteurs. Les monuments funéraires,
élevés aux princes de Savoie, sont au nombre de 27. Ils sont surmontés d'admirables
statues dues au ciseau de Benoît Caccia-
tori. Aux voûtes sont des fresques
de toute beauté, représentant des sujets
religieux.

Dans les chapelles, sont des peintures
d'une fraîcheur inouïe, malgré qu'un bon

nombre d'années déjà aient passé dessus ;
elles ont une valeur hors ligne, surtout
celles qui sont dues à Louis et Jean Vacca.
Que dire des prestigieuses décorations des
voûtes, dont on dirait autant de dentelles
fines ! Le marbre de Carrare est à profusion partout. Tant de richesses accumu-
lées font enfin de cette basilique un monument unique. C'est à ce point que l'œil
n'y découvre pour ainsi dire aucune surface unie, le burin et le pinceau s'étant in-
géniés à la couvrir. Le tout présente cependant une coordination merveilleuse.
Mais il me faudrait des pages et des pages
pour détailler les nombreuses et belles
œuvres d'art qui foisonnent dans ce riche
édifice, dont il est impossible de ne pas
sortir émerveillé et même profondément
touché par le divin qui en ressort.

De la basilique, on vous conduit aux appartements royaux où ne sont venus que
rarement le Roi et la Reine d'Italie, depuis
l'annexion de la Savoie à la France, bien
que l'abbaye de Hautecombe soit toujours
demeurée leur propriété, laquelle est du
reste admirablement tenue par les religieux Cistériens qui l'occupent.

Ces appartements sont d'une grande simplicité : mais on y peut admirer de bien jolies peintures à fresques et des grisailles, dues au pinceau des frères Vacca.

Quelques beaux meubles de style Empire, quelques belles toiles, dont les portraits de Victor-Emmanuel III et d'Humbert Ier et de leurs épouses. D'un balcon, on a sur le lac une vue inénarrablement splendide.

La sirène du bateau a retenti et c'est plein de regrets que l'on quitte cette demeure, où en même temps que la paix de Dieu, règne celle de la nature qui si magnifiquement le célèbre. Il faut se hâter de descendre la colline qui conduit au rivage, car la sirène d'appel commence à faire rage et c'est, au risque d'attraper une entorse, que l'on se retourne encore une fois pour dire adieu à ce remarquable site, que commencent à estomper les ombres du soir.

Le bateau nous entraîne vers Aix, tandis que souffle des monts et des rives une fraîcheur trouvée délicieuse, après une après-midi un peu brûlante. Peu de conversation sur le pont ; on se laisse aller

au rêve et à la mélancolie, le regard perdu
dans le vague, alors que du côté des Alpes
dauphinoises, et dans les derniers feux
colorants du soleil couchant, les glaciers
apparaisent roses, bleuâtres et gris cendré
tout à la fois .

Nous nous rapprochons de plus en plus
d'Aix, dont les murailles blanches unifor-
mément nous rappellent à la réalité des
choses terrestres.

II

PROMENADE EN BARQUE JUSQU'AU CHATEAU
LE BOURDEAU

Le vapeur qui vous conduit sur le lac
du Bourget, c'est bien ; mais la barque,
c'est encore mieux.

Avec elle, vous vous sentez davantage
perdu dans l'infini, tandis qu'elle sillonne
paresseusement, dans une douce accep-
tion du mot, les flots azurés et faiblement
ridés par la brise somnolente. D'une rive
à l'autre, dans le sens de la largeur du lac,
vers le château de Bourdeau, il faut une

heure de traversée. Le batelier vous conduit tellement en cadence, que le bruit
des rames semble une musique :

Un soir, t'en souviens-tu ? Nous voguions en
[silence ;
On n'entendait au loin, sur l'onde et sous les
[cieux,
Que le bruit des rameurs qui frappaient en
[cadence
Tes flots harmonieux...

Ainsi parlait du lac Lamartine, dont les
magnifiques poésies, dont le souvenir fait
de grâce et de tendresse, vous pénètrent,
au moment même où l'on vogue sur les
ondes qu'il a si délicieusement chantées.
Est-ce l'ambiance de l'immortel passé du
poète, qui fait qu'on semble plus apparte-
nir au ciel qu'à la terre, tant le rêve vous
emporte vers les sphères élevées ? Peut-
être.

Que l'œil aime à suivre ces lignes irrégulières des bois au vert sombre, qui
étagés au flanc de la montagne font
mieux ressortir encore la nappe bleue du
lac et les chaînes des monts, autant de
géants qui se dressent vers le ciel et res-

semblent à des sentinelles majestueuses,
qui en gardent l'entrée !

Toutes ces divines beautés font, en effet, nous écrier encore avec Lamartine :

Ainsi, lorsque notre âme, à sa source envolée,
Quitte enfin pour toujours la terrestre vallée,
Chaque coup de son aile, en l'élevant aux
                                                                    [cieux,
Elargit l'horizon qui s'étend sous ses yeux..

On aborde dans une sorte de crique verdoyante d'où s'élève un chemin serpen-
tant, qui conduit à Bourdeau et à son château à créneaux du moyen âge. On côtoie
un ruisseau qui coule rapidement en faisant entendre sa bruyante chanson, le
long des pentes verdoyantes jusqu'à ce
qu'il soit venu mélanger ses eaux au lac ;
on côtoie encore des vignes, des bocages
de luxuriants figuiers ! Le vin blanc de
ces vignes est très réputé ; il mousse naturellement. Vignes et figuiers, la situation
est pour eux exceptionnelle.

. Cette contrée minuscule représente un
nid de verdure pelotonné en pleine montagne, que les intempéries n'atteignent

pas et qui ne craint ni rafales ni brises aigues.

Quand on est arrivé à ce petit village, après une montée altérante, on se fait volontiers servir le vin blanc en question, qui vous rendrait certainement plus de ton qu'il ne conviendrait, si l'on ne calmait ses feux, avec l'eau fraîche et limpide de la fontaine voisine.

Un repos d'une demi-heure à cet endroit est donc très appréciable.

Ensuite l'on va visiter le château, extérieurement du moins ; il est bâti sur une admirable terrasse d'où l'on a une vue grandiose sur le lac. Il fait l'effet d'une aire d'aigle. On s'arrête volontiers un quart d'heure sur cette terrasse, à contempler un si merveilleux spectacle.

Tout doucement, comme si l'on s'arrachait à regret de cette oasis, on descend la côte qui ramène au lac.

Nous demandâmes à notre batelier que nous avions emmené avec nous, afin de le réconforter aussi avec le vin de Bourdeau, de ne point précipiter la navigation du retour, tant nous éprouvions du charme à voguer sur les eaux bleues du lac.

Mais le moment approchait où il nous
fallut bien les quitter, ce qui ne fut pas
sans penser, pour nous les appliquer, à
ces autres beaux vers de Lamartine :

> Viens à ma barque fugitive,
> Viens donner le baiser d'adieu ;
> Roule autour une voix plaintive,
> Et de l'écume de la rive
> Mouille encor mon front et mes yeux.

Partis du Grand-Port, nous étions reve-
nus par le Petit-Port, qui ne constitue pas
la plus jolie rentrée dans Aix. Il n'est pas
très bien fréquenté, ce Petit-Port ; la voi-
rie elle-même semble s'en désintéresser ;
il m'en coûte de le dire ; mais ce quartier
apparaît comme une verrue de la coquette
cité.

III

LA CHAMBOTTE

Elle figure parmi les plus belles excursions à faire en voiture. Il y a un grand
charme à parcourir ces routes de la montagne, si bien entretenues, si proprettes,

si riantes avec leurs sous-bois fréquents
et qui plus vous les ascensionnez, plus se
découvrent des aspects nouveaux, pour
lesquels on a des exclamations d'enthousiasme.

On s'y rencontre avec des diligences,
qui grimpent péniblement les lacets de
plus en plus montueux. Ces véhicules d'un
autre âge nous font sourire.

Les villages sont rares dans la montagne et quand vous les traversez, si c'est
un dimanche, vous voyez tous les indigè-
nes attroupés sur la place, pour jouir de la
vue des touristes.

Ce ne sont pas les jeunes filles qui ont
le regard le moins tendu et l'on peut lire
dans leurs yeux leur extase, pour avoir
contemplé quelque brillant chapeau, quelque vaporeuse toilette blanche, quelque
ombrelle éclatante. J'ouvre ici une parenthèse pour faire remarquer combien les
jeunes Savoyardes ont généralement des
yeux de velours, grands, doux et beaux.

Je parlais plus haut de la beauté des
Anglaises, quand elles se mêlent d'être jolies. Nous avions précisément en face de
nous une charmante milady et une déli-

cieuse miss, la mère et la fille. O cette car-
nation de la dernière, pour laquelle le
Créateur avait détaché de sa palette le
plus joli rose qui soit ! O ces beaux grands
yeux rieurs sur cet ensemble de physionomie si frais et si jeune ! O ce galbe, tel
qu'on le reconnaît dans ces rares et richis-
simes gravures en couleurs de Reynolds
et de Lawrence ! Quelle musique enfin
dans la voix, car nous ne fûmes pas sans
causer avec ces aimables Etrangères, qui
possédaient assez bien le français.

La route venait de cesser tout à coup,
pour laisser place à un sentier escarpé,
raide et raboteux, qui gagnait l'Hôtel de
la Chambotte, situé sur la crête du mont.
La voiture dut s'arrêter là et nous allâmes
demander à l'hôtelier qui un café, qui un
bol de lait, qui un thé.

Nos Anglaises, amies du thé, à l'instar
de tous leurs nationaux, n'auraient pas
réclamé autre chose ; mais ce thé était ac-
compagné de beurre, de gâteaux, de confi-
tures, de raisins et nous pûmes admirer
le riche appétit de ces dames, à la non
moins riche santé.

Après avoir pris quelque repos, nous

nous sommes rendus de l'autre côté de l'hôtel, où le lac du Bourget apparaissait à nos pieds en un insondable abîme. De ce dernier, on a une plus grande sensation encore, si l'on se rend à l'extrémité d'une avancée de terrain qui forme promontoire, alors que l'on s'accoude à un balcon de bois rustique.

Sous les rayons du soleil, cette immensité a des reflets diamantés ou argentés d'un tout à fait féerique aspect.

Les chevaux sont bien reposés, les gens se sont bien rafraîchis et ont largement contemplé ; c'est l'instant du départ.

C'est la même route déjà parcourue ; mais vers le soir qui commence, cela ne constitue-t-il pas comme un autre panorama, parce que changement de nuances, parce que lumière atténuée ici et ombres plus accentuées là.

Les chevaux fendent l'air dans les rues d'Aix, nos Anglaises ont toujours le même entrain, toujours la même roseur, nous leur serrons la main à notre descente de voiture, nous disparaissons mutuellement pour ne jamais plus nous rencontrer.

4

IV

LA DENT-DU-CHAT

Cette montagne présente une arête tellement dominante et tellement pointue à
l'aspect, qu'on l'a surnommée la *Dent-
du-Chat*. Elle a 1.400 mètres de hauteur.

C'est une des promenades les plus in-
téressantes à effectuer. Une route à lacets
et ombragée y conduit d'Aix.

Pendant un certain temps, on longe le
lac. Rien de gracieux comme ce parcours
où l'on domine constamment le lac du
Bourget. Par places, les lacets affectent la
circonférence, ce qui fait croire qu'on
tourne sans cesse dans le même cercle,
dont l'issue paraît longtemps retardée ;
c'est afin de diminuer la raideur des pentes.

Cette route,

Au bord penchant des bois suspendus aux
[coteaux,

est donc ravissante à parcourir. On aperçoit, par endroits des gazons entrecoupés

de ruisseaux et d'ombrages ou bien une humble église, à demi-cachée sous des touffes de lierre ; on entend par moments le clair tintement des clochettes suspendues au cou des bestiaux, qui paissent d'un pas indolent au flanc des collines ; parfois le regard plonge sur des abîmes ; parfois aussi d'une cloche rustique, plane je ne sais quel son religieux, qui va s'épandant et s'égrenant sur le vallon.

Après une heure et demie de voiture, on a atteint l'*Hôtel de la Dent-du-Chat*, où l'on stationne un certain temps et même où l'on peut coucher, si l'on entend faire l'ascension de la fameuse Dent, en s'y prenant de bon matin, car pour gagner le balcon rustique qui entoure le pic, cela représente bien quatre heures de marche ; on en est récompensé par un panorama inoubliable. Déjà de l'hôtel, ce panorama est splendide ; c'est comme un tableau changeant, qui se déroule à vos pieds. Il est beau, par une journée calme d'été, d'apercevoir le lac immobilisé sur ses eaux dormantes et vaporeusement bleutées.

Au retour, quand commence le coucher

du soleil, on aime à promener ses regards
sur la vallée où Aix est bâti et à voir blan-
chir déjà les bords de l'horizon, sur tous
les points de l'immense étendue.

V

La colline de Tresserve

C'est, à proximité d'Aix, la plus riante
promenade qui soit. Cette colline, toute
en longueur, est encore d'une assez grande étendue. Elle est couverte de terres,
bois, prés et vignes ; mais de bois surtout
à son extrémité septentrionale.

Cette pointe a du reste le nom de bois
Lamartine, parce que Lamartine y habita
et en avait fait sa promenade favorite. On
voit encore la table en pierre sur laquelle
il aimait à s'accouder ou écrire, tandis
qu'il avait ses regards tournés vers le lac.
C'était souvent pendant de longues heures
qu'il méditait à cet endroit, en cette oasis
de verdure dégagée de la masse sylvestre,
avec pelouse et grands arbres qui lui pro-

curaient l'ombre et la brise harmonieuse
et rafraîchissante.

Si l'on commence sa promenade par
l'extrémité boisée en question, on gravit
de tortueux sentiers pleins de pittoresque,
tandis que de temps à autre, par des percées lumineuses, se découvre le lac.

On aperçoit sur sa gauche un Hôtel qui
prend le nom de Lamartine et dont l'installation remplit bien le but de qui désire
calme, fraîcheur et site poétique. La propriété est entourée d'une véritable longueur de murs qui contiennent sur toute
leur étendue une réclame monstre, c'est-
à-dire des hectomètres de lettres. Paris a-
t-il, après cela, le record des annonces ?

Plus haut est l'habitation qu'occupa
Lamartine et quand on est quelque peu
poète soi-même, comment ne pas le revi-
vre sur ce sol même que foulèrent ses
pas ? Comme je m'asseyais sur le banc de
pierre où il vint s'asseoir lui-même, comme je m'accoudais sur la table de pierre
également où il s'accouda, était-ce une
émanation du grand poète, j'entendais,
dans le même moment, le rossignol
chanter au-dessus de moi ? Quelles notes

divines et suaves, qui si bien s'harmoni-
saient avec le ciel bleu ! Le friselis des
feuilles semblait un accompagnement
en délicate sourdine ! Je comprends que
Lamartine lui ait consacré l'une de ses
harmonies :

Tes gazouillements, ton murmure,
Sont un mélange harmonieux
Des plus doux bruits de la nature,
Des plus vagues soupirs des cieux.

Nous cheminons ainsi jusqu'au village
où l'église simple prête au recueillement.

Sortis de là, l'attirance pour nous était
de descendre vers le lac, qui plus nous
descendions le versant qui le regarde, plus
il se développait à nos yeux éblouis de son
azur et du cadre grandiose que les montagnes lui forment.

Ce n'était pas assez, nous tenions à gagner ses bords. Mais auparavant nous
nous sommes assis un certain temps en
face de ce grandiose spectacle, suivant des
yeux les quelques voiles blanches qui s'é-
loignaient.

Tout en se croyant bien près des rives,
il fallut parcourir encore un assez long

chemin avant de les atteindre. Nous étions arrivés à l'extrémité d'une prairie ; ici obstacle, sorte d'abîme, un sentier zigza-guant comme un éclair, qui n'en finissait pas ; il était tellement rapide que, par instants, il était bon de se retenir aux troncs d'arbres. Eh ! bien, cette descente un peu échevelée, avait bien son charme. J'en appelle au souvenir du jeune compa-gnon qui était avec moi et qui prenait plaisir à accentuer encore la descente ra-pide, même à travers les hautes herbes, qui mouillaient les jambes de leur rosée matinale.

Pourquoi la vision triste d'une jeune fille poitrinaire, aperçue au-devant de sa porte, en traversant le village, alors qu'elle demandait aux rayons du soleil de lui ren-dre un souffle de vie ? Que touchante était cette physionomie non sans beauté, aux yeux alanguis et perdus dans le vague ! Pourquoi au milieu de cette riante et saine nature, qui semble faite pour rendre la santé aux humains, existait-il une telle anomalie ?

VI

Le pont de l'Abime

Oh ! nombreux sont les ponts de l'abime dans les pays de montagnes. C'est une dénomination un peu prodiguée, quoique, il faut bien le dire, point surfaite jamais.

Celui qui nous occupe est certainement l'un des plus remarquables. Il est situé sur la route des Bauges et représente l'une des plus ravissantes promenades à faire autour d'Aix.

Les Bauges représentent un massif montagneux important où la nature est verdoyante, l'air pur, l'accès relativement facile. On jouit dans tout ce parcours d'un panorama superbe.

Quels délicieux vallons on rencontre, tels ceux de Belleveaux et d'Aillon !

Quelle vision de belles forêts et de cascades argentées ! Quels frais et verts pâturages !

C'est par une descente rapide et tournante qu'on arrive au pont suspendu de l'Abîme. D'en haut, le regard plonge jusqu'à environ 100 mètres au-dessous de soi, ce qui permet d'avoir une réelle sensation de vertige.

Cette gorge d'aspect, on pourrait dire sinistre, s'appelle la gorge du Chéran. De là les horizons entr'aperçus sont immenses.

Pour revenir à Aix, on peut prendre une route différente, grâce à laquelle on longe des lignes d'énormes rochers, dont ceux qu'on nomme la Tour de César sont les plus étonnants. On croirait voir des forteresses imposantes du moyen-âge avec tours, bastions, échauguettes et donjons. A distance, on se demande vraiment si ce ne sont pas des constructions de main d'hommes. Toutes ces roches nues et grises se détachent curieusement sous le ciel éclairé par un brillant soleil. D'autres font penser à je ne sais quelle cathédrale gothique aux innombrables flèches et clochetons.

Nous traversons de la sorte quelques villages pittoresquement assis où l'on n'a-

perçoit guère — c'était un dimanche —
que quelques joueurs de boules plus occu-
pés de leur jeu que de nous voir passer,
malgré ce que nous pouvions avoir de
triomphal sur les banquettes de notre
magnifique car-alpin, tout battant neuf,
inauguré seulement de ce jour et
superbement attelé de ses cinq chevaux.

Notre retour fut ravissant, tant l'air était
pur et frais ; nous passions souvent sous
une voûte de verdure que formaient les
branches d'arbres qui se rapprochaient
au-dessus de nous, sur la route serpen-
tante et proprette ; de ci de là, sur notre
gauche ou sur notre droite, un ruisseau
bruissait, dégringolant vers des fonds
herbeux et boisés.

Aix est en vue, adieu le beau rêve, que
nous venons de faire ! adieu verdure !
adieu ombrages ! adieu les brises parfu-
mées et salubres !

VII

Le Mont-Revard

La perle des excursions à faire aux environs d'Aix est bien celle du mont Revard situé à 1545 mètres d'altitude et où l'on accède par un chemin de fer à crémaillère, curieux et original mode de locomotion, où la locomotive est à l'arrière, au lieu d'être à l'avant, pour pousser les wagons dans la direction du Mont-Revard. C'est une bonne aubaine que d'être placé sur la banquette extérieure du premier wagon, car de là vous envisagez le site dans sa plénitude en plus de respirer à pleins poumons. Cela ressemble à marcher à la conquête de la montagne et vous donne l'intéressante sensation du toujours plus haut.

A cause des nombreux lacets, qui permettent de la contourner, les pentes qui sans cela seraient trop rapides, trop à pic, diminuent de raideur et de vertigineux.

La première station, qui vous place à une altitude déjà remarquable au-dessus d'Aix, est Mouxy, un ravissant village, offrant par places de minuscules et riants vallons, à la rayonnante verdure qu'arrosent des eaux vives et jaillissantes descendant de la montagne ; tantôt elles forment de légérettes cascades, tantôt elles s'épandent paresseusement à travers de fécondes et vertes prairies. Le tout est entrecoupé de jolis bocages de châtaigniers.

L'église, assez belle, est placée sur une éminence, ainsi que le presbytère qui, à lui seul, constitue un enviable séjour. Je n'en veux pour preuve que ce balcon élevé tourné du côté de la vallée d'Aix, et dont on jouit d'un superbe panorama sur la Dent-du-Chat et le lac du Bourget. De jolies villas à mi-versant des collines, semblent un idéal d'habitation.

La deuxième station est Pugny-les-Corbières, beaucoup plus élevé encore que Mouxy et présentant les mêmes agréments de paysage. Ce qui fait l'importance de cet endroit, c'est le domaine des Corbières, une station climatérique de montagne très appréciable, auquel conduit une belle avenue plantée d'arbres et bordée de trottoirs.

Ce domaine offre un cachet agreste et pittoresque tout à la fois ; vignes, prairies et bois le couvrent. Sans compter les beaux points de vue sur la vallée d'Aix, la colline de Tresserves, Chambéry et les Alpes grandioses, comme fond de tableau, il est donné de faire là une cure d'air excellente, abrité que l'on est des vents du nord et grâce à la respiration pleine du délicieux air balsamique qui souffle de la montagne.

Mais, continuons l'ascension du Mont-Revard. Combien riants ce hameau, ce clocher, qu'on aperçoit à travers des éclaircies de vastes sapinières ! Encore un effort montueux de notre train, qui apparaît dressé à pic et nous sommes sur le plateau même du Mont-Revard, laissant voir à sa gauche d'immenses forêts, et dans le lointain l'immensité sans bornes en quelque sorte ; comme fond, c'est la chaîne du Mont-Blanc, qui, selon le temps qu'il fait, est vaporeuse ou lumi-

neuse, c'est-à-dire apparaît ou n'apparaît
pas avec ses glaciers éclatants de blan-
cheur. A droite, alors que des abîmes dé-
valent à vos pieds, on a une superbe vue
du côté des Alpes, sur le massif de la
Chartreuse, de la Savoie et le Bugey.

Variées et étendues sont les promenades sur ce plateau où souffle l'air le plus
vif. De nombreux troupeaux de vaches le
sillonnent, faisant tintinnabuler harmo-
nieusement leurs clochettes.

Aussi est-il recherché comme cure d'air
pour les plus anémiés. Une excellente
installation, sous le nom de Hôtel-Pension,
est à leur disposition, et quiconque y re-
court n'a qu'à s'en louer.

Il y aurait là pour un peintre de charmants tableaux de genre à concevoir :
cette jeune femme, vêtue entièrement de
blanc, renversée dans sa chaise longue
en osier, le visage tourné vers les profondeurs panoramiques du Mont-Blanc ; ses
grands yeux bleus regardent dans le vague et sont empreints d'une profonde mélancolie, ses bras sont ballants, las, et
elle est toute prête à se laisser aller au
sommeil bienfaisant dû au bercement de

l'air vivifiant. qui vient du large montagnard.

Cette physionomie pâle est belle cependant, belle de ce mat affectionné par Henner.

C'est un tout jeune homme, à qui la neurasthénie parait avoir enlevé tout goût, tout entrain ; il tente de lire un journal, l'abandonne, le reprend, change plusieurs fois sa chaise de place, recherche tantôt le soleil, tantôt l'ombre ; commence à fumer une cigarette presque aussitôt abandonnée et finalement rentre à l'hôtel.

Il a le type fin et distingué ; mais son expression d'abandon fait peine.

Assis sur la longue terrasse de cet hôtel, qui regarde la chaîne du Mont-Blanc, on passe des heures entières, non seulement à respirer le bon air, mais à contempler, sans se lasser, ce merveilleux panorama, le pendant de ce qui se passe, en face de la mer, tandis qu'on est assis sur le versant des falaises.

Le retour est plein de charme, avec ces aspects changeants, qu'offre la descente vers Aix-les-Bains.

C'est sur les pentes les plus élevées du

Mont-Revard, que l'on va à la recherche de cette délicieuse et odorante fleur qu'on appelle le cyclamen. Quel est le touriste, venu à Aix-les-Bains, qui ne la connaisse et ne l'admire ?

VIII

CHAMBÉRY ET ANNECY

À Chambéry, ce qu'il y a de plus remarquable de beaucoup, c'est le vieux château des ducs de Savoie ; là s'écrivirent de nombreuses pages historiques intéressant la Maison de Savoie et la Couronne de France, les unes amies, les autres hostiles, malgré les alliances matrimoniales contractées entre princes et princesses des deux Cours

Ce château offre de remarquables souvenirs du moyen-âge. Du haut d'une des vieilles tours, à l'ascension assez pénible, à cause des nombreuses marches à gravir, on jouit d'un panorama inoubliable, qui permet d'embrasser toute la ville et la vallée de grande envergure qui va vers le lac du Bourget, la vallée du Rhône, celle de l'Isère, appelée Graisivaudan et Combe de Savoie, le massif de la Grande-Chartreuse et celui des Banges où trône la *Dent-du-Nivolet*, d'une altitude de 1553 mètres.

A voir en outre la *Sainte-Chapelle*, aux remarquables vitraux, le vieux portail de l'église Saint-Dominique et la Cathédrale, qui date du XVe siècle, dont la façade gothique, la nef principale, le buffet d'orgue, sont faits pour retenir vivement l'attention de l'archéologue.

Les boulevards sont vraiment beaux et se font remarquer par leur largeur.

On y voit le monument commémoratif de la première annexion de la Savoie à la France en 1792, œuvre superbe de Falguière.

Je ne vanterai pas de même la fontaine des Eléphants, surmontée d'une colonne, qui porte la statue du général Boigne, bienfaiteur de Chambéry.

Je ne visitai Chambéry que quelques heures ; mais, par contre, Annecy eut plusieurs fois ma visite.

5

Oh ! la délicieuse ville, faite pour retenir le touriste, sur laquelle il y aurait long à dire au point de vue historique.

Annecy peut s'appeler la cité des poètes, tant il émane d'elle une intense poésie. On peut la dire également une antique cité, tant elle rappelle un vieux passé remontant aux Romains. Chef-lieu du département de la Haute-Savoie, c'en est en même temps la perle.

Le neveu et biographe de saint François de Sales, qui fut évêque de cette ville, de 1602 à 1622, ne la traite-t-il pas de « cité aimène et noble, ceinte de campagnes et de collines très fertiles, dans une très bonne température de l'air, au dégorgement d'un lac cristallin, petite à la vérité, mais remplie de bon peuple ».

Ce même neveu, de concert avec le président Antoine Favre, ne donna-t-il pas raison à mon appellation de cité des poètes, en fondant l'*Académie Florimontane*, Fleur des Monts, à Annecy, où les Belles-Lettres et les Beaux-Arts sont en honneur.

Eugène Sue disait encore d'Annecy : « C'est une terre promise qui jouit presque en toute saison d'une température presque aussi douce que celle de Nice, d'Hyères ou de Florence ; la fraîcheur des ombrages, le bleu foncé des eaux, l'épanouissement précoce des floraisons rappellent les contrées méridionales les plus fortunées ».

Je ne sache pas qu'il soit une description plus vraie.

A côté de nombre de jolies demeures, places, avenues et rues modernes, il est de vieux quartiers qui retiennent fortement l'archéologue et le rêveur, quartiers bordés de lourdes et sombres arcades, traversés de canaux d'aspect également sombre, tandis que les dominent les imposantes tours féodales du château-fort des comtes de Genève et de Genevois-Nemours.

Parlerai-je des admirables promenades, dont les principales sont : la *Promenade du Pâquier*, aux gigantesques platanes, aux tilleuls et marronniers plusieurs fois centenaires : l'*avenue d'Albigny*, d'où l'on jouit de la superbe vue qu'offre le bassin d'Annecy sur la première partie du lac ; le *Jardin public*, qui forme une agréable presqu'île verdoyante entre le canal du Vassé et celui du Thiou.

Les Romains surent reconnaître les avantages d'Annecy, car on retrouve les traces d'une cité bâtie par eux, qui dut avoir une assez grande importance.

N'a-t-on pas mis à découvert, en différentes époques, des emplacements de rues, des poteries, des médailles, des statues ?

La ville naissante actuelle, après avoir appartenu aux comtes de Genève, ainsi que le comté Génevois, depuis le X° siècle, furent cédés par cette famille, en 1401, au comte de Savoie Amédée VIII. Puis, de 1514 à 1650, ce comté devint l'apanage d'une branche cadette de la Maison de Savoie, pour rentrer enfin dans le domaine des ducs de Savoie, jusqu'au moment de l'annexion de la Savoie à la France. en 1860.

. Il y aurait beaucoup à écrire sur les monuments que je vais citer. Je me bornerai à n'en parler qu'à grandes lignes :

Ce sont l'*Eglise de la Visitation*, où j'appelle surtout l'attention sur les châsses d'or et d'argent contenant les corps de saint François de Sales et de sainte Jeanne de Chantal ; l'église de *Notre-Dame de Liesse*, qui n'offre d'ancien que le clocher fort remarquable du XVI° siècle, penché d'autre part comme la Tour de Pise, et qui l'accoste ; la façade de la *Maison de Sales* ornée de bustes en pierre des quatre saisons ; l'*Hôtel de Ville*, à couleur moyenâgeuse ; l'*Eglise paroissiale de Saint-Maurice*, fondée en 1422 par le cardinal de Brogny, qui présida le Concile de Constance. On y rencontre plusieurs styles, il faut surtout admirer la nef principale et le chœur ; une ancienne maison-forte, nommée *Palais de l'Isle*, une ancienne prison, très vieille, noircie par l'action du temps, entourée de non moins vieilles maisons du plus pittoresque aspect ; la *Cathédrale* d'un beau style gothique de transition ; la *Maison du Président Favre*, qui fut justement le berceau de l'Académie Florimontane, dont j'ai déjà parlé, oubliant de dire qu'elle précéda de vingt-huit ans l'Institution de Richelieu, et que Vaugelas, un des premiers membres de l'Académie Française, avait au préalable passé par l'Académie Florimontane ; enfin le château, aujourd'hui converti en caserne, où l'on accède par une rampe rapide.

L'œil s'arrête surtout sur une vieille et grosse tour en pierres jaunes et une autre du XV° siècle, qui domine le quartier de la Perrière ; au rez-de-chaussée, ce qu'il y a de plus remarquable, ce sont les deux colossales cheminées d'une immense cuisine ; à l'étage, la grande salle décorée de plafonds à caissons.

Ce qui m'a frappé et fait penser à ces habitations qu'on voyait, au moyen-âge, se grouper autour du château féodal pour en être protégées, c'est le faubourg Perrière, rencontré à la sortie du château, faubourg qui est situé sur une côte très rapide, et où l'on rencontre nombre de vieilles maisons moyennageuses, que desservent des escaliers extérieurs et des galeries de bois échafaudées sur des piliers de pierre ou de bois.

Quand on se trouve là, on se figure véritablement vivre en d'autres temps.

J'engage beaucoup, comme dernier mot sur Chambéry et sur Annecy, à visiter les musées où très variées sont les curiosités.

IX

LE LAC D'ANNECY

Une promenade traditionnelle est le tour du lac, qui se fait le plus agréablement du monde en bateau à vapeur et cela en deux heures et demie, ce qui permet de jouir largement de ce beau spectacle entre tous

Le lac d'Annecy est assez important ; il mesure une longueur de 14 kilomètres, 3 kilom. 500 dans sa plus grande largeur, 64 mètres dans sa profondeur moyenne.

L'aspect du port à lui seul est vraiment beau à contempler. Les maisons semblent se presser au bord du lac, comme pour s'y mirer et jouir de sa riante étendue. C'est de là que se détache le mieux le vieux château, dont la silhouette apparaît entière et forme comme l'objet principal de ce magnifique tableau.

. Tout le monde est embarqué, le bateau est bientôt en plein lac, il nous est donné de contempler la jolie ville d'Annecy, les

promenades qui semblent l'encercler, les
dômes, les flèches les clochers, les tours,
qui se dressent imposants. En face, nous
avons la ravissante colline d'Annecy-le-
Vieux, les crêtes à dentelures du Parme-
lan, la montagne de Veyrier, les Dents de
Lanfont, la majestueuse Tournette. Comme lointains au nord, la vue est agréablement retenue par les flancs à reflets d'a-
zur du Salève : enfin, au sud, le Roc-de-
Chère, qui s'avance en promontoire et sur
lequel

De son art infini, le peintre souverain
Mêle à l'or rutilant des pactoles célestes,
A l'éclat des rubis du flamboyant écrin,
Des roses pâles et flous et des verts agrestes,
Des carmins adoucis, des violets mourants...

(Jean BACH-SISLEY).

Comme toutes ces montagnes, qui forment une ceinture au lac, laissent voir, à
leur base, pour le régal des yeux, des
prairies au vert reposant, des noyers de
haute stature, des vignobles grimpants et
sur leurs flancs de coquets villages, de
riantes villas, des flèches, des clochers

émergeant de la verdure et même d'antiques manoirs !

Ce sont de bien jolis pays que touche le bateau. Il n'en est pas un qu'on ne voudrait choisir comme résidence d'été et l'on se prendrait presque à envier ceux des voyageurs qui y débarquent avec leurs malles ou valises, car le bateau, rendant les mêmes services que le chemin de fer, se charge de vos bagages, à destination des différents villages qui bordent le lac.

Le premier port d'escale est *Chavoires*, le second *Veyrier*, le troisième *Sevrier*, qui semble perdu au milieu des vignobles et des vergers, prometteurs d'ombre et de fraîcheur.

Nous arrivons à *Menthon-Saint-Bernard*, village plus important que les précédents. Qu'on y voudrait vivre, sinon y mourir comme Taine, l'illustre historien, le génial critique, qui y a son tombeau et sur lequel dernièrement, sa veuve qui mourait, appelait à nouveau l'attention.

Je ne puis, hélas ! parler de cette jolie résidence que par ce que j'en ai vu, à vol d'oiseau : au premier plan, des prairies

que parsèment de beaux noyers, une falai-
se élevée qui baigne ses pieds dans les
eaux du lac ; plus haut, les maisons de
Menthon éparses au pied d'un mamelon
que couronnent des arbres séculaires et
sur lequel se dresse un manoir féodal.
C'est dans ce château que naquit, au X°
siècle, saint Bernard, le fondateur des fameux hospices du Grand et du Petit-Saint-
Bernard. Il s'attache à lui, paraît-il, plus
d'une légende.

Saint-Jorioz a de remarquable que dans
sa traversée jusqu'à Talloires et en se
tournant vers le nord, on voit se dérouler
devant soi la partie la plus étendue, comme la plus riante du lac, tandis que si l'on
fait demi-tour vers le sud, à l'entrée de ce
qu'on nomme le petit lac, cela constitue
un changement de décor ; on se trouve en
face du château de Duingt, qui forme épe-
ron dans les eaux, avec ses terrasses om-
bragées de bocages. Enfin, au-delà de cette presqu'île au vert chatoyant, apparaît
une sorte de cirque de montagnes aux
cimes variées. Plus loin, à l'est, dans la
direction du bateau, autre tableau de la
Tournette, qui forme avec le Roc-de-

Chère, déjà nommé, une anse pittoresque abritée des intempéries où le figuier, le laurier et le grenadier peuvent passer l'hiver en pleine terre. Sol béni, peut-on s'écrier.

Au tour de *Talloires*, qu'a immortalisé André Theuriet en prose et en vers, en le donnant pour cadre à tant d'œuvres charmantes et savoureusement colorées. Lisez d'ailleurs la jolie description, qu'il fait de cet endroit, dans *Josette* : « Quand le bateau arriva en vue du village de Talloires, la verdoyante tranquillité du site le charma. Un roc abrupt et boisé, s'avançant en promontoire vers la presqu'île de Duingt, sur la rive opposée, semblait clore presque hermétiquement cette partie du lac. Dans l'eau bleue et lisse les hautes cimes des montagnes reflétaient leurs chaudes couleurs et leurs lignes élégantes. Au fond de l'encoignure fermée par le Roc-de-Chère, Talloires éparpillait sans ordre, au milieu des vignes et des noyers, ses maisons aux toits de tuile brune et aux galeries de bois protégées par un auvent. Au-delà d'un massif de marronniers centenaires, une ancienne abbaye étendait

sa façade grise, percée de hautes fenêtres
à croisillons de pierre. Et des hauteurs
dentelées ou crénelées de Lanfont et de la
Tournette, sur les pentes vertes des pâturages, un calme profond descendait en
même temps qu'une adorable lumière
bleue, veloutée et transparente. »

Or je ne saurais mieux dire et rendre
plus tangible ce que j'ai vu moi-même.

Les sites environnants passent pour
très pittoresques.

Duingt et Doussard, les deux derniers
ports du parcours, offrent aussi beaucoup
d'intérêt, quant à l'aspect et aux ravissantes promenades qu'on devine et qui font
désirer avec le poète Jean Bach-Sisley déjà cité :

.... S'enfuir aux magiques contrées
Où les champs verdoyants sous la voûte d'a-
[zur
Etendent leur fraîcheur ; vers les aubes do-
[rées
Mettant un reflet clair sur le front du lac pur,
Dans les sentiers fleuris de la forêt ombreuse
Sur les frêles gazons abrités par l'yeuse !
Boire au ruisseau d'argent, s'endormir sur les
[mousses,

Gravir le mont sauvage où dort l'ombre des
[pins.
Dans l'air irrespiré borner ses folles courses,
Saluer de ses chants la splendeur des matins...

Le retour, quand vient le soir, est d'une
poésie sublime, car le lac est berceur de
rêves ; on cède volontiers à la douce mélancolie.

Je ne pourrais, du reste, mieux peindre
ce que j'ai éprouvé, qu'en citant encore
André Theuriet :

« Jamais, dit-il, je n'oublierai ces soirées irretrouvables, ces heures lumineuses
passées au bord du lac d'Annecy à guetter
le lever de la lune au-dessus des montagnes. Elle apparaissait tout à coup, blanche comme une fiancée, dans l'échancrure
des rochers, au moment où les derniers
angelus tintaient encore et s'envolaient
sur les eaux endormies. Et à mesure
qu'elle montait, le lac s'éclairait, les ombres reculaient jusqu'au fond des gorges
lointaines. Sur la large nappe liquide, les
reflets lunaires dansaient, s'étendaient
comme un mouvant réseau d'or et dessi-
naient un long chemin scintillant, qui

avait l'air de mener à un pays de rêve.
L'air devenait si limpide, si transparent,
qu'on pouvait distinguer sur la rive opposée le frisson des roseaux et les formes des
arbres aux feuilles luisantes. Tout faisait
silence. Les hautes montagnes du fond du
lac avaient leur base noyée de vapeurs
opalines, mais leurs cimes pleinement
éclairées se découpaient nettement sur le
ciel et l'on y distinguait çà et là, les taches
neigeuses des glaciers. »

Les voilà bien les lacs de cette contrée
privilégiée qu'est la Savoie.

A l'une des promenades que je fis sur
le lac d'Annecy, il en est une qui me
changea singulièrement le spectacle qui
précède, parce qu'elle fut faite par l'orage
et la pluie, une pluie de tempête.

Tout n'apparaissait plus que dans une
sorte de nuit. Le ciel s'était entièrement
couvert et des rayées quasi diluviennes
fouettaient violemment l'espace.

Villages, montagnes, forêts, n'offraient
plus que des contours gris. De grosses
vagues secouaient le bateau ; impossible
de se tenir sur le pont, à cause du vent,
quelque envie qu'on aurait eu d'y rester

pour contempler ce spectacle malgré tout impressionnant et d'une certaine horreur grandiose. Le lac, à la surface si calme d'habitude, ressemblait à je ne sais quel fauve déchaîné.

C'était à la veille d'une excursion admirable, que se produisait cette tempête ; aussi n'étions-nous pas rassurés pour le lendemain. Heureusement le temps s'éclaircit pendant la nuit et, à cinq heures du matin, nous nous trouvions debout avec un ciel de toute pureté au-dessus de nos têtes, car nous allions prendre le tramway à vapeur, qui conduit d'Annecy à Thones.

VIII

D'Annecy a Chamonix

La première partie du voyage s'effectue par le tramway à vapeur jusqu'à Thônes. On ne peut imaginer un parcours plus pittoresque, comme il n'est point possible d'être plus perdu dans la montagne et de côtoyer plus de précipices, si on ne les traverse sur quelque pont hardi. Rien de gracieux, au moment où l'on va quitter le terroir d'Annecy, comme le dernier aspect du côté du lac, qui apparaît à travers des échancrures de rochers et des percées lumineuses que ménagent de grands bouquets d'arbres.

De temps à autre le tramway court sous bois. Tout d'un coup sur sa gauche, on voit miroiter au soleil une cascade à l'écume blanche qui descend de la montagne, en léchant ses parois rocheuses et tombe en grondant au fond du Fier, qui coule entre deux rampes élevées et boisées. Vers le ciel, vont en s'étageant des rangées entières de grands sapins, que dominent encore des cimes de montagnes. C'est dans un repli de terrain, à mi-versant, où conduit un pont rustique, placé au-dessus d'eaux bourdonnantes, un petit village aux toits d'ardoises luisantes. Aux trois quarts masquée par les arbres, apparaît son église à la flèche élancée ; tout cela est presque minuscule, parce qu'effacé par le grandiose des monts et des rochers formidables.

Mais que digne de tenter le crayon d'un artiste et que cette paix attire !

Nous voici arrivés à Thônes, une coquette petite ville d'environ 3.000 habitants, à 20 kilomètres d'Annecy. Elle est située à l'intersection de trois riantes vallées et son altitude de 626 mètres permet d'y jouir d'un air salubre. Cette petite ville est très industrielle et très commerçante. Rien de plus animé que son marché où il est très intéressant d'observer le paysan de la contrée.

Il est trapu et robuste. J'en eus même la preuve, en ce sens que me promenant à travers les groupes des gens et des bêtes, vaches, chèvres, moutons, ânes, un brave cultivateur vint me frapper rudement sur l'épaule ; il m'avait pris pour son notaire, à qui, paraît-il, je ressemblais fortement vu de dos

L'église est très intéressante.

Les églises de cette région ont cela de particulier que la partie supérieure de leurs clochers est recouverte de cuivre, ce qui les fait tous miroiter au soleil ; en second lieu, elles sont toutes planchéiées, ce qui est un excellent préservatif contre l'humidité.

Deux montagnes, dont le nom m'échappe, dès que l'on a franchi la gorge qui mène à Thônes, aboutissent à l'entrée même de la ville, à droite et à gauche ; on en suit la paroi rocheuse jusqu'à perte de vue, pour ainsi dire.

A la gare de Thônes, un car alpin nous attendait. Nous nous empressâmes de grimper sur l'impériale, d'où, pendant la plus grande partie de la journée, il nous fut donné de tout voir à ciel ouvert. Le paysage se faisait à chaque tour de roue de plus en plus ravissant. Bientôt nous nous élevâmes à 400 mètres pour atteindre le col de Saint-Jean-de-Sixt ; à partir de ce moment, la route, remontant la vallée du Nom, s'engage dans un défilé on ne peut plus pittoresque, aux pentes immenses que boisent des sapins altiers. Ici c'est l'eau limpide du torrent, qui se précipite en grondant ; là ce sont des pâturages d'un vert délicieux et tendre, qui fait le plus vif contraste avec le sombre des vastes sapinières. Peut-il être plus splendide décor ? On quitte le défilé du

Nom, pour déboucher dans l'inoubliable vallée de la Clusaz.

De quelque côté qu'on arrive au joli village de ce nom, situé au fond d'un véritable entonnoir, par les hauteurs qui l'enveloppent de toutes parts, cela fait l'effet de poser le pied sur la pointe de son clocher. L'air vif du matin nous avait tellement creusé l'estomac, que nous profitâmes de la petite demi-heure accordée aux chevaux pour souffler, pour entrer chez le boulanger et mordre à belles dents dans une tranche de pain frais, genre pain de ménage. Rien ne surpasse et ne vaut cet appétit franc.

Nous voici partis pour le fameux col des Aravis, où la route monte jusqu'à 1.408 mètres d'altitude lorsqu'il est atteint. Ne dirait-on pas d'une terre promise, qu'on a souhaité d'atteindre, à cet instant où la vue s'étend sur les glaciers de la chaîne du Mont-Blanc ?

Arrivés à la Giettaz, par une descente vertigineuse, nouvel arrêt des chevaux pendant lequel le cocher se rendit au bureau de poste pour téléphoner à Flumet le nombre de convives que l'hôtel devait posséder à déjeuner, dès que nous y aurions stoppé.

Ce court stationnement me permit de faire quelques études de mœurs.

Avant de descendre de ma banquette haut perchée, si haut perchée que, dans la traversée d'un village, en longeant les maisons, qui ont des auvents prononcés, je n'eus que le temps de me courber pour n'être pas décapité ; avant, dis-je, de descendre, j'avais remarqué, assise sur un tronc d'arbre, une belle fille vêtue avec une certaine recherche ; elle tenait dans ses bras un bébé. Les voyageuses du car captivaient son regard et on lisait sur sa physionomie une convoitise mal dissimulée, en apercevant ces jolies toilettes claires. Elle voyait certainement un au-delà coupable où l'on pouvait se permettre ce luxe ; c'était une fille-mère.

Une épaisse fumée montait de la cheminée du presbytère, qui fait face à l'humble église d'où je venais de voir sortir un vénérable prêtre, déjà chargé d'ans, suivi de quelques confrères. Le brave curé recevait. Qu'on doit être bien à cette table, me disais-je, à cette table où l'appétit va

être sain comme l'air des hautes montagnes et la dinde rôtie à point à la broche
par le cordon bleu de céans. Quelle douce
paix enfin environne ce presbytère d'un
pays où on aime son vieux curé et où l'on
n'a certainement pas demandé la sépara-
tion des Eglises et de l'Etat !

On repart et l'on suit le mince ruisseau
de l'Arondine qui coule dans la vallée, au
bout de laquelle nous allons trouver la
pittoresque bourgade de Flumet et considérer avec une vive curiosité quelques
vieilles maisons à galeries de bois, sur-
plombant d'une soixantaine de mètres le
gouffre au fond duquel coule l'Arly, celui-
ci franchi par un pont remarquable.

A Flumet donc nous déjeunons de fort
bon appétit et apprécions à leur juste valeur les truites si réputées de l'Arly. Je re-
procherais seulement de ne pas accorder
une demi-heure de plus, pour pouvoir déjeuner plus posément.

En voiture ! en voiture ! Il nous faut de
nouveau dérouler le ruban de la route. La
voici qui remonte la gorge étranglée et
sinueuse de l'Arly, pour déboucher ensuite à 1.125 mètres d'altitude sur l'im-

mense plateau de Mégève, au milieu des riants pâturages et des sapins géants, entre la cnaîne des Aravis et le mont Joli.

O indicible enthousiasme ! Soudain, à un détour, au moment de nous engager sur la route de Saint-Gervais, le regard ébahi, la poitrine haletante, l'âme saisie, le son de la voix étranglé en face de tant de magnificence, on voudrait s'écrier : Que c'est beau !

On se ressaisit enfin et plus calme on admire cette page splendide entre toutes du livre de Dieu. Quelle est-elle ?

Dans les profondeurs du grandiose paysage, semblant la fin de l'horizon, tout un monde de glace que l'œil a du mal à embrasser, tant il est colossal, étendu, un monde de glace aux blancheurs immaculées que le soleil couchant rosit : *le Mont-Blanc.*

La voiture roule toujours, nous touchons Saint-Gervais, une très appréciable station climatique et thermale, et descendons sur la gare du Fayet, le point terminus de notre trajet de 60 kilomètres en voiture. Peu de temps après, nous montons dans le train à traction électrique, qui, à travers des sites grandioses et impressionnants, disant assez la hardiesse de construction de cette voie ferrée, nous conduit à Chamonix.

On ne peut admirer assez, dans cet ordre d'idées, le viaduc Sainte-Marie, qui longe un torrent et surplombe des abîmes. On a constamment devant soi la chaîne du Mont-Blanc, qu'on approche toujours de plus en plus et dont on voit l'extrême cime qui se teint de pourpre au couchant. La nuit venue, combien il faut admirer les lueurs argentées de la lune qui l'éclairent ! Je trouve même que l'aspect d'ensemble qu'on a d'un peu loin est préférable à celui dont on jouit de Chamonix même.

Chemin faisant, je me prenais à souhaiter le voir, quand l'hiver au riant de l'été substitue sa sublime horreur de la neige qui ensevelit tout, de la glace qui recouvre les vallons aussi bien que les cimes, des sapins aux branches courbées sous le givre, des rafales cinglantes, du vent qui hurle et geint dans les forêts.

Nous étions arrivés pour dîner et gîter au luxueux et confortable Grand-Hôtel du

Mont-Blanc où les convives paraissaient être au nombre de deux cents dans la splendide et vaste salle à manger ; le service était fait par une légion de serveurs.

Le soir, nous fîmes une promenade en ville, au bruit torrentiel de l'Arve qui la traverse de ses eaux lourdes et jaunes.

Nous nous promettions pour le lendemain l'excursion du *Glacier des Bossons* et de la *Mer de glace*.

Hélas ! en nous réveillant d'assez bon matin, quel désenchantement pour nous de voir le ciel tout couvert, mais sans pluie encore !

Ah ! il ne sera pas dit, nous écriâmes-nous, que nous serons venus à Chamonix, sans avoir fait au moins une excursion

Chamonix, il faut bien l'avouer, est une vraie prison, un séjour d'ennui, si l'on est condamné à se consigner à l'hôtel.

C'est si vrai que les touristes, qui n'y veulent passer que deux ou trois jours, le quittent comme par enchantement, s'ils voient le mauvais temps se déclarer franchement. Enfin, nous partons à tout hasard, munis de parapluies. Tout alla bien cependant jusqu'au Glacier des Bossons, où l'on monte par un sentier de forêt aux arômes délicieusement balsamiques.

Le glacier venait de se découvrir complètement à nous, nous tenant dans l'admiration.

Nous descendîmes jusqu'à lui et tant bien que mal, sur ses surfaces glissantes, nous atteignîmes la grotte du glacier d'une assez grande étendue, qu'on parcourt en s'éclairant d'une bougie, tandis que de la voûte d'une épaisseur énorme tombent des gouttelettes d'eau changée en glace presque aussitôt sous les pas et que les parois de la voûte vous apparaissent d'azur grâce à la lumière du ciel. Nous étions arrivés à l'issue de cette longue galerie, quand la pluie se mit à tomber drue et nous fit hâter notre départ. Dans la traversée de la forêt, les branches d'arbres qui surplombaient un peu nous protégeaient à demi ; mais une fois sur la route, cette pluie drue et fine redoubla, faisant comme nappe d'eau, jusqu'à ne plus apercevoir du tout les hautes montagnes, dont on est enserré de tous côtés, ou du moins ce n'étaient plus que d'immenses ombres indistinctes qui semblaient nous envelopper.

Le ciel était d'un gris noir et nous n'avions devant nos yeux qu'une perspective lugubre ; on aurait dit d'une prison, dont les murs se rapprochaient pour nous étouffer. Pendant ce temps-là, la pluie pénétrait nos vêtements, malgré nos parapluies.

Cela dura pendant une heure et demie de marche et nous obligea à changer, en arrivant à l'hôtel. En pénétrant dans Chamonix, on voyait sur tous les points les omnibus chargés des malles et les voyageurs gagner la gare : ils fuyaient Chamonix. Pour nous, notre résolution fut bientôt prise, partir également, après avoir déjeuné. Hélas ! nous tournions le dos à la Mer de Glace, l'excursion classique du Mont-Blanc, que nous nous proposions de faire l'après-midi.

C'est un voyage qu'il nous faudra recommencer, un jour ou l'autre, si Dieu le permet. Cette fois nous prîmes le chemin de fer qui va du Fayet à Annecy, dont le parcours ne manque pas d'intérêt non plus.

IX

LES GORGES DU SIERROZ

Je m'aperçois que j'ai fait un oubli, celui de raconter l'excursion des Gorges du Sierroz, à vingt minutes d'Aix. Elles se trouvent sur le passage du tramway qui va d'Aix à Grésy.

On parcourt une route charmante. Un peu avant d'arriver au Grésy, on descend en face d'un sentier qui à travers champs, vous conduit à l'endroit où l'on embarque pour la traversée des Gorges.

Jusque-là, rien de bien saillant à l'aspect. Mais quel n'est pas l'étonnement ensuite d'entendre et de voir la chute imposante d'une cascade. Vous prenez un petit chemin assez rapide, au bas duquel un petit vapeur vous attend, pour vous diriger à travers les rochers surplombants du torrent ; ils forment même par endroits des anfractuosités tellement étroites que l'on se demande si l'on pourra passer. De chaque côté, des rochers abrupts, à tranches presque verticales, se succèdent jusqu'à former des murailles.

Ce couloir est tellement étroit, les eaux sont tellement noires, qu'on songe involontairement aux ombres du fameux Styx.

Pour les dames impressionnables, elles ne respirent qu'une fois débarquées au pied de la galerie où l'on monte par un escalier de bois pour, pendant un certain parcours, voir et longer le fond de cet abîme, curieux surtout à contempler à la suite de grandes pluies, le torrent étant d'autant plus enflé et grondant.

Tout en haut, faisant suite à la cascade de Grésy, se voit à droite un moulin haut perché, dont les eaux tombent en cascades bruyantes dans le lit du Sierroz.

On peut, de là, gagner Grésy pour reprendre le tramway, comme aussi on peut reprendre le bateau, en revenant sur ses pas.

En un mot, courte, mais ravissante excursion et un excellent dérivatif contre la chaleur accablante.

X

GENÈVE ET SON LAC

Genève, tout en faisant partie de la Suisse, mais ayant une rive côté Savoie, semble par cela même se rattacher naturellement aux excursions Savoisiennes. Ce n'est pas tellement loin, trois heures de chemin de fer, à partir d'Aix.

Quelle belle grande ligne, dont l'embranchement est à Culoz ! Quel joli parcours ! Un point ennuyeux, très ennuyeux même, c'est la visite de la douane, au retour, à Bellegarde ; elle a le don de vous horripiler.

Nous voici en gare de Genève. La ville en sortant, vous apparaît splendide, large, claire, aérée, dans son à vol d'oiseau très étendu. Quelles vastes avenues ! quelles vastes rues aussi !

Monuments, hôtels, quais, maisons, ont un cachet de grandeur, qui égale les beaux quartiers de Paris. De magnifiques jardins et squares surgissent de maints endroits.

Mais le quartier select, entre tous, c'est celui qui avoisine le lac.

Nous en reparlerons.

Nous nous croyons encore en France, le langage, les mœurs, les coutumes, ne différant pas sensiblement en cette admirable ville, qui, dans le vrai, est aussi française par le cœur qu'elle l'est par la langue. On y sent planer l'indépendance et la liberté ; c'est un centre intellectuel par excellence, en même temps qu'y règne une grande industrie et un important commerce.C'est la patrie de l'horlogerie et de la bijouterie. Elle donna naissance aux savants Saussure, Pictet et Candolle pour les sciences ; à Jean-Jacques Rousseau, pour les lettres ; à Pradier pour les arts.

Y passer un jour n'est pas assez, tant il y a à voir et à connaître pour son instruction et son agrément.

C'est rapidement que nous l'avons parcourue, ayant pris une voiture à l'heure, à cet effet. Ce fut assez toutefois pour nous en donner une idée large. Ce que nous avons visité en détail, c'est sa cathédrale gothique de toute beauté où l'on arrive par des rues montueuses pleines de pittoresque ! c'est aussi la gigantesque usine électrique consacrée à l'éclairage de la ville. Rien de curieux et de moyennageux, comme la vieille ville, où l'on se croit transporté à plusieurs siècles en arrière. Mais qu'il y a donc à voir ! C'est comme pour Chamonix, il faudrait y revenir.

La banlieue elle-même est délicieuse à visiter, avec toutes les facilités de parcours : tramways électriques, lignes à voies étroites.

Je voudrais pouvoir parler plus amplement de l'opulente cité, aux grands établissements universitaires, aux importantes et rarissimes collections, aux musées extrêmement remarquables, aux promenades, aux parcs que bordent des hôtels, dont on dirait des palais, et des maisons riantes et coquettes au possible ; tout cela est clair et vaste.

Des quais, quel inénarrable coup d'œil sur le lac, qui est tellement étendu que les horizons en apparaissent presque indistincts, que l'on croirait voir une vaste mer.

Quelle joie à la pensée que nous allions embarquer sur ce lac Léman, célèbre dans le monde entier ! Quel beau spectacle lumineux de par le ciel et les flots bleus !

Une toute petite désillusion : faute d'être partis d'assez grand matin, nous ne pûmes accomplir que ce qu'on appelle le petit tour du lac, ce qui nous permit pourtant de ne pas naviguer moins de deux heures et demie à trois heures et d'admirer les coquettes petites villes et villas campées sur l'une et l'autre rive. Qu'il doit faire bon vivre sur ces rives verdoyantes et que je comprends les familles qui y passent tout leur été, heureux possesseurs de quelque coin de terre paradisiaque ! Au loin, quelles pittoresques découpures des montagnes, dont la chaîne du Mont-Blanc !

Quel charme enfin d'être entraîné sur les vagues par le roulis berceur !

Il y eut peut-être à cela et de cela une trop rapide vision pour nous ; mais en tout cas inoubliable, où nous aimons encore à nous reporter par le souvenir.

C'est à regret que nous reprîmes le train du retour, aimant, de la portière de notre compartiment, à jeter un dernier coup d'œil à ce joyau de la Suisse.

Ici s'arrête mon récit. De la Savoie où nous allons depuis plusieurs années, s'il nous a été donné d'admirer déjà de bien belles choses, il nous en reste encore bien plus à voir ; mais on ne saurait tout embrasser.

En attendant, j'aurai fait participer, autant qu'il est possible, à ce que j'ai vu, le lecteur de ces pages, heureux s'il y a trouvé quelque intérêt et si je l'ai fait communier en poésie avec moi, vis-à-vis de ces beautés de la nature qui me faisaient dire en les quittant, avec un poète dont le nom m'échappe :

> Partir, c'est mourir un peu,
> C'est mourir à ce qu'on aime,
> Et c'est un peu de soi-même
> Que l'on sème en chaque adieu.

Châlons. — Imp. Martin frères.

www.ingramcontent.com/pod-product-compliance
Lightning Source LLC
Chambersburg PA
CBHW052151090426
42741CB00010B/2231